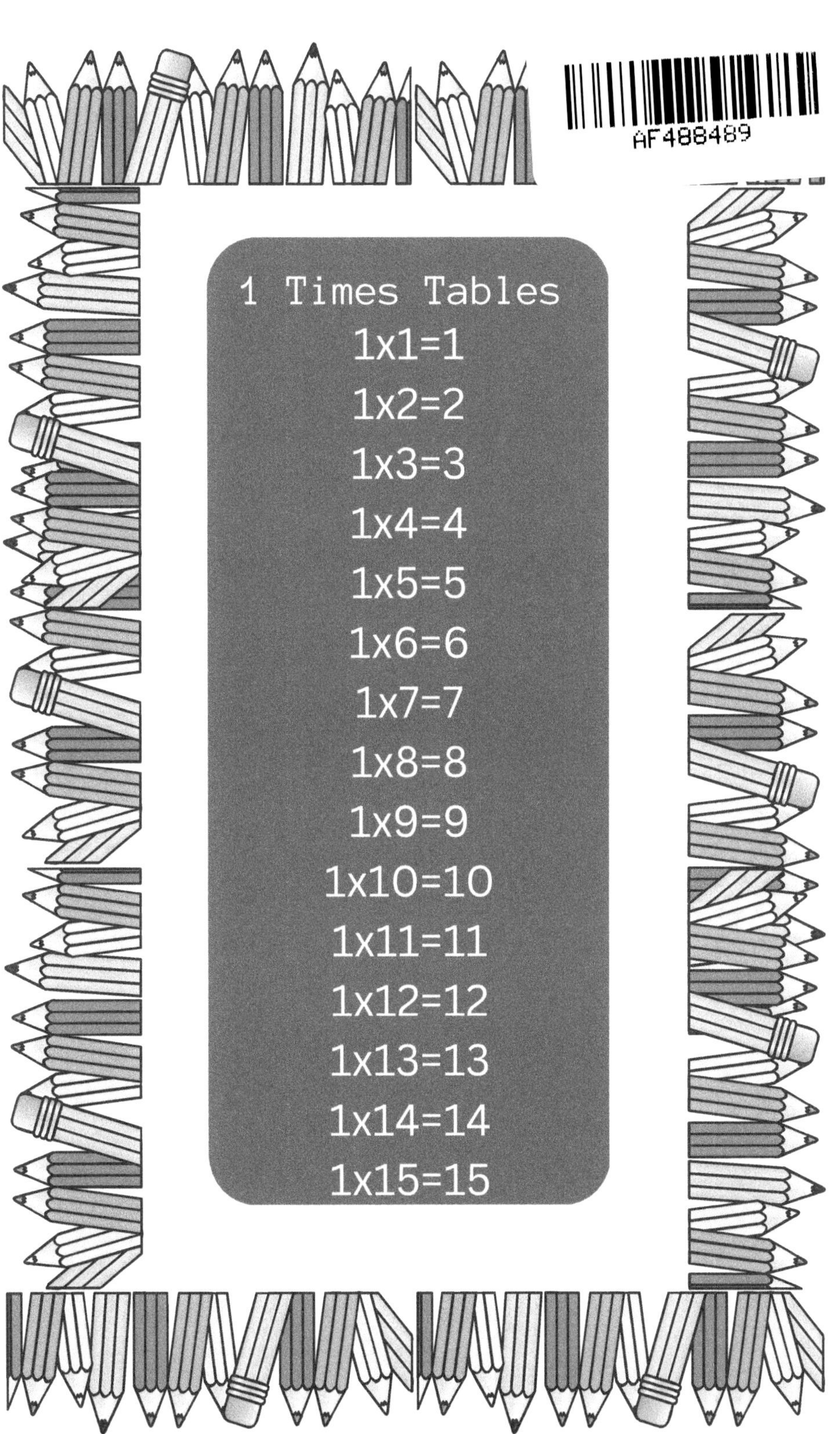

1 Times Tables
1x1=1
1x2=2
1x3=3
1x4=4
1x5=5
1x6=6
1x7=7
1x8=8
1x9=9
1x10=10
1x11=11
1x12=12
1x13=13
1x14=14
1x15=15

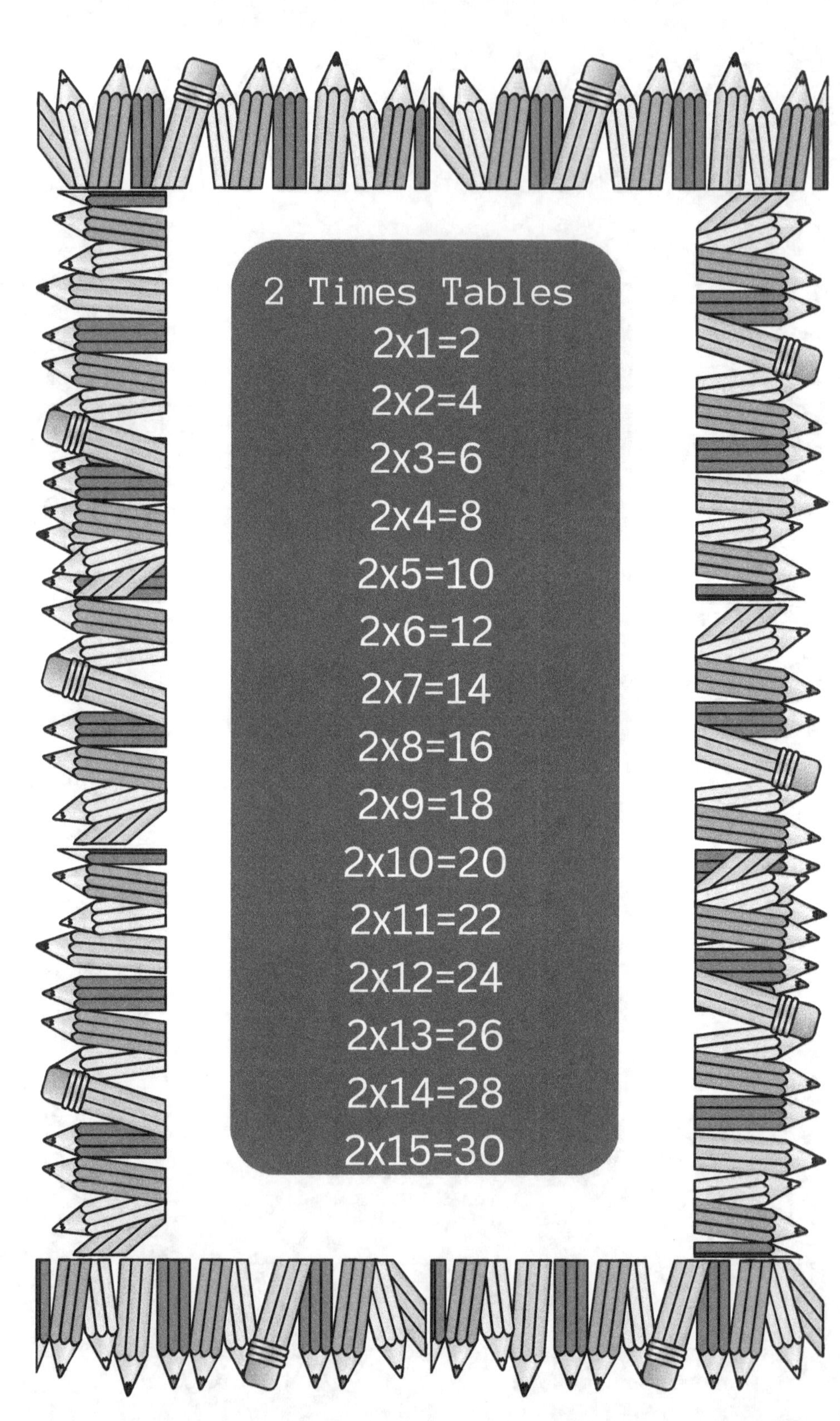

2 Times Tables
2x1=2
2x2=4
2x3=6
2x4=8
2x5=10
2x6=12
2x7=14
2x8=16
2x9=18
2x10=20
2x11=22
2x12=24
2x13=26
2x14=28
2x15=30

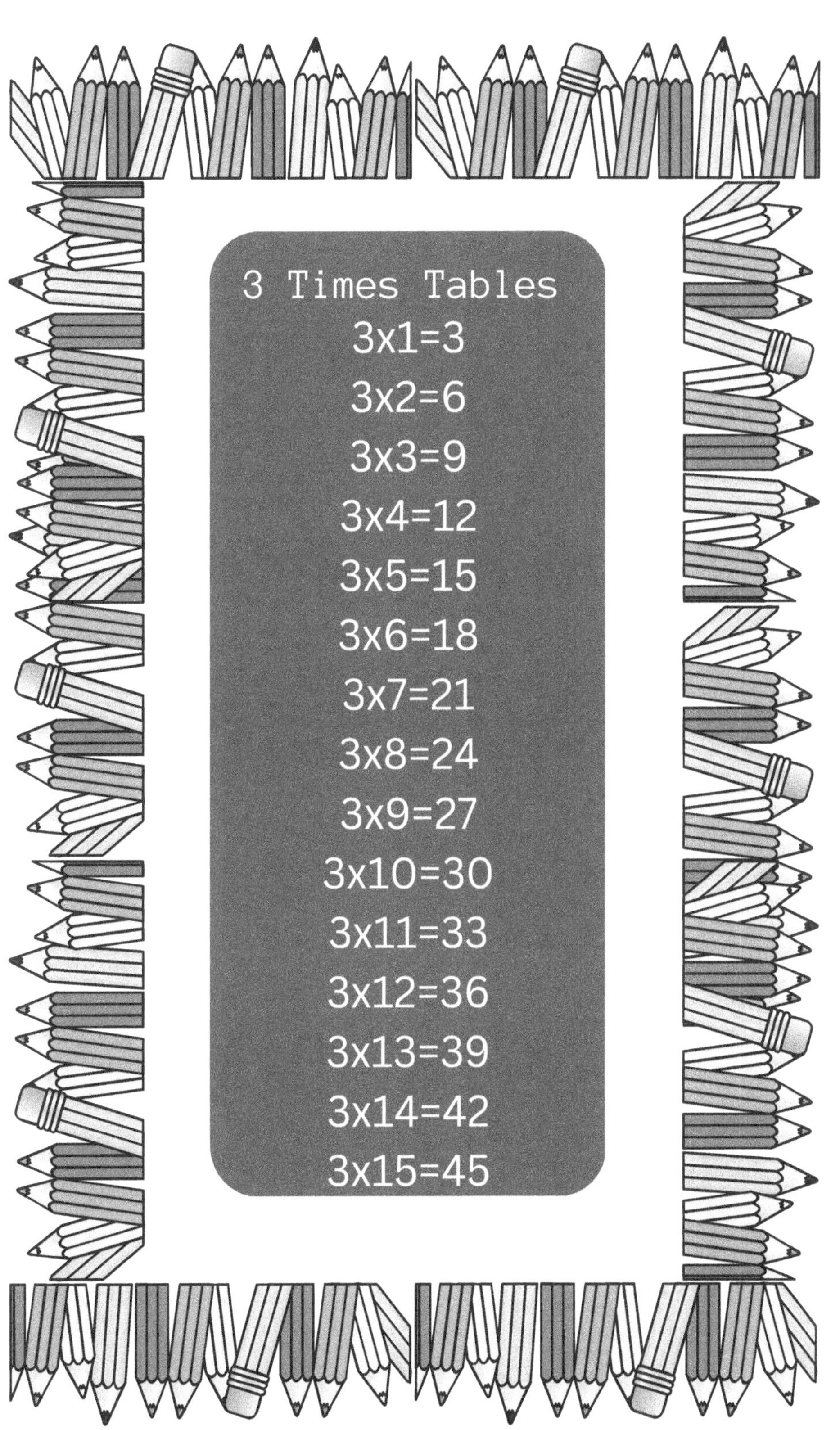

3 Times Tables
3x1=3
3x2=6
3x3=9
3x4=12
3x5=15
3x6=18
3x7=21
3x8=24
3x9=27
3x10=30
3x11=33
3x12=36
3x13=39
3x14=42
3x15=45

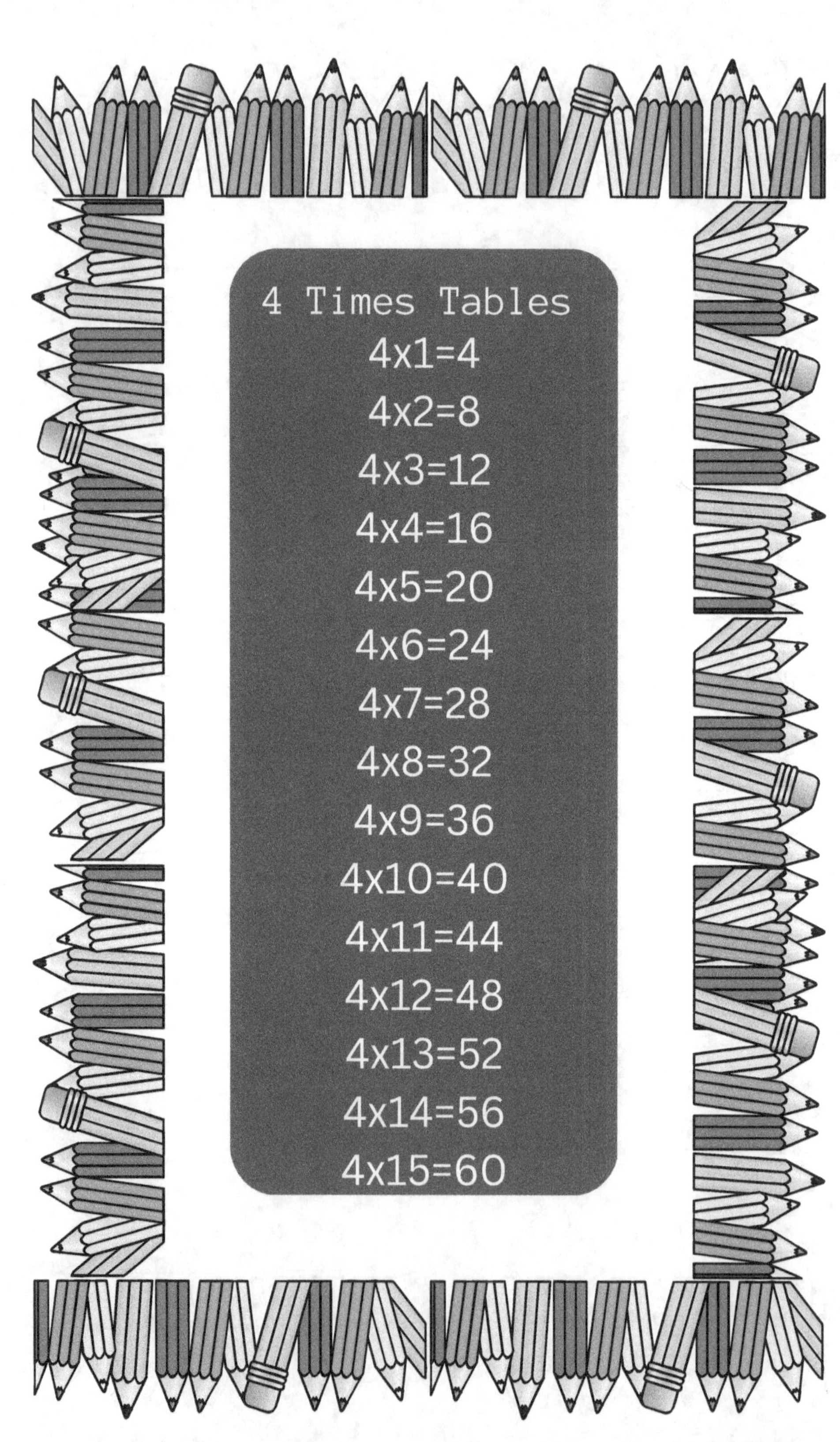

4 Times Tables
4x1=4
4x2=8
4x3=12
4x4=16
4x5=20
4x6=24
4x7=28
4x8=32
4x9=36
4x10=40
4x11=44
4x12=48
4x13=52
4x14=56
4x15=60

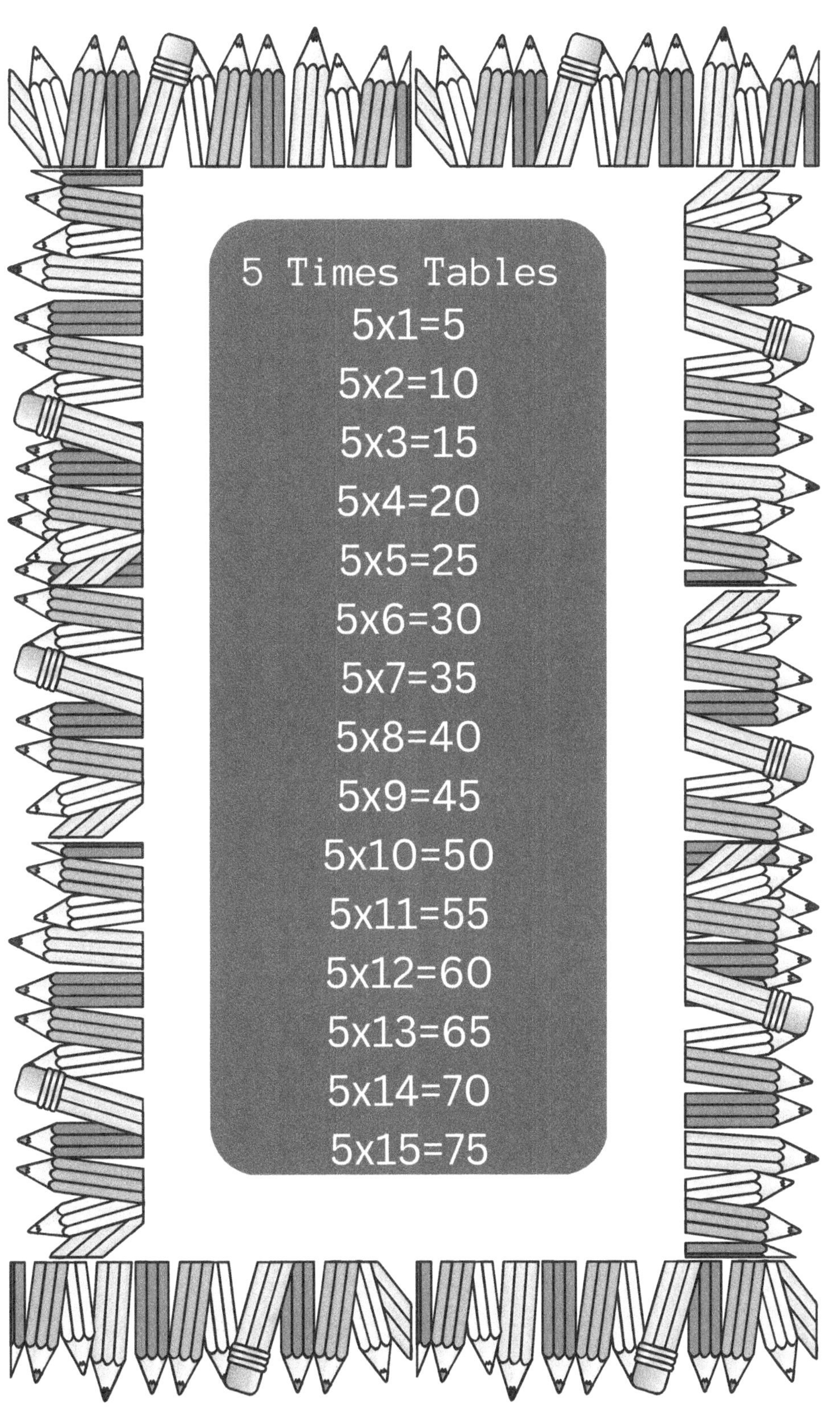

5 Times Tables
5x1=5
5x2=10
5x3=15
5x4=20
5x5=25
5x6=30
5x7=35
5x8=40
5x9=45
5x10=50
5x11=55
5x12=60
5x13=65
5x14=70
5x15=75

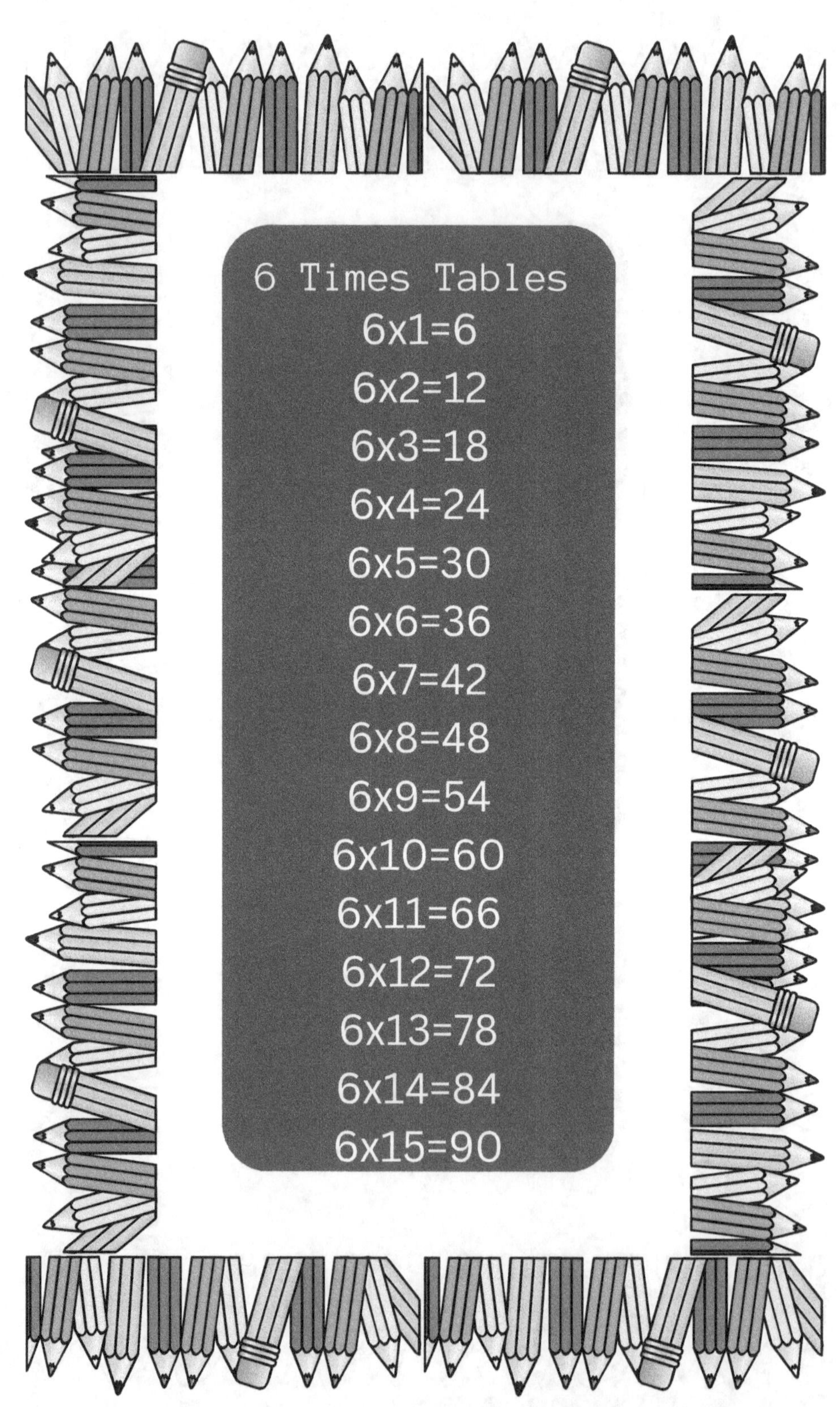

6 Times Tables
6x1=6
6x2=12
6x3=18
6x4=24
6x5=30
6x6=36
6x7=42
6x8=48
6x9=54
6x10=60
6x11=66
6x12=72
6x13=78
6x14=84
6x15=90

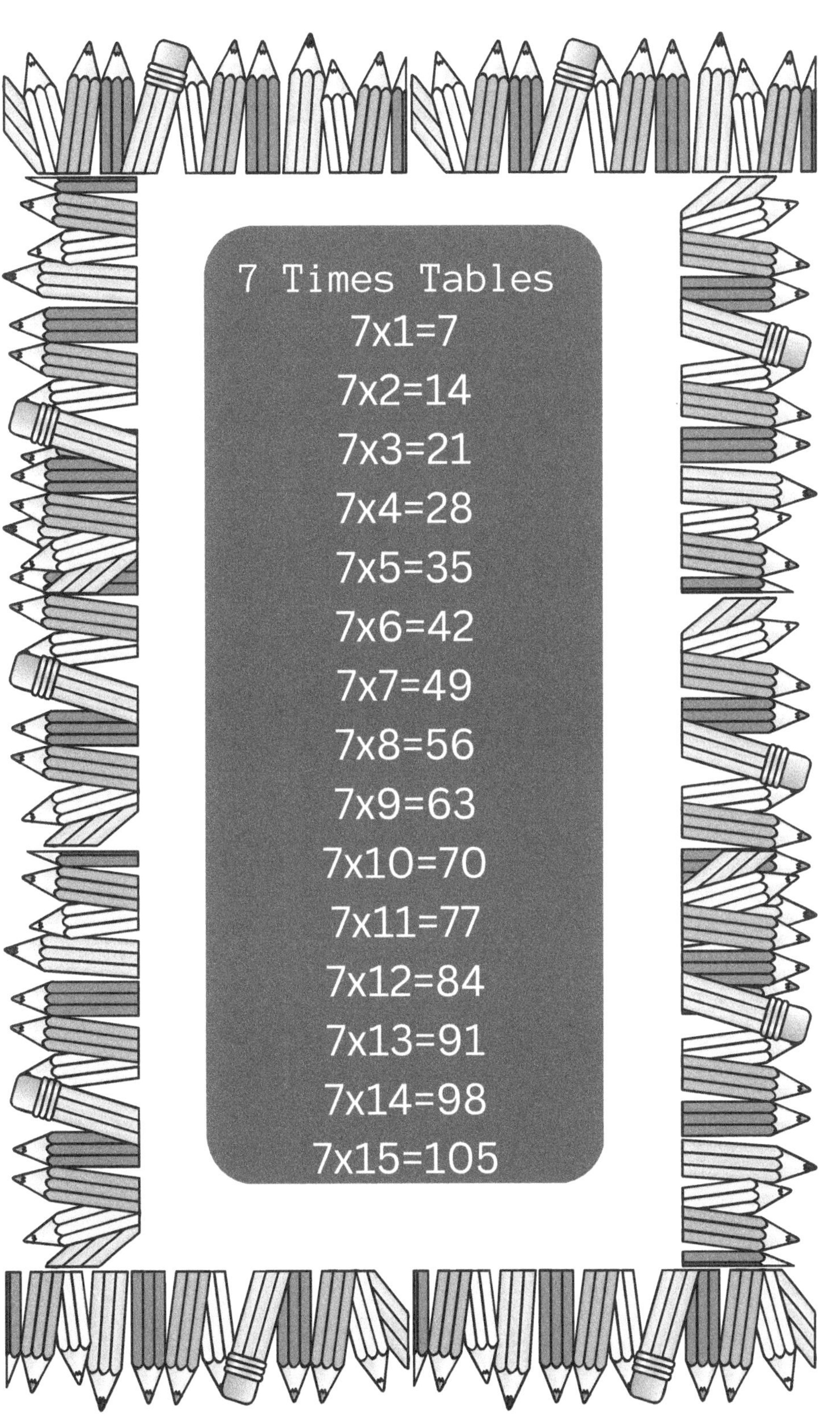

7 Times Tables
7x1=7
7x2=14
7x3=21
7x4=28
7x5=35
7x6=42
7x7=49
7x8=56
7x9=63
7x10=70
7x11=77
7x12=84
7x13=91
7x14=98
7x15=105

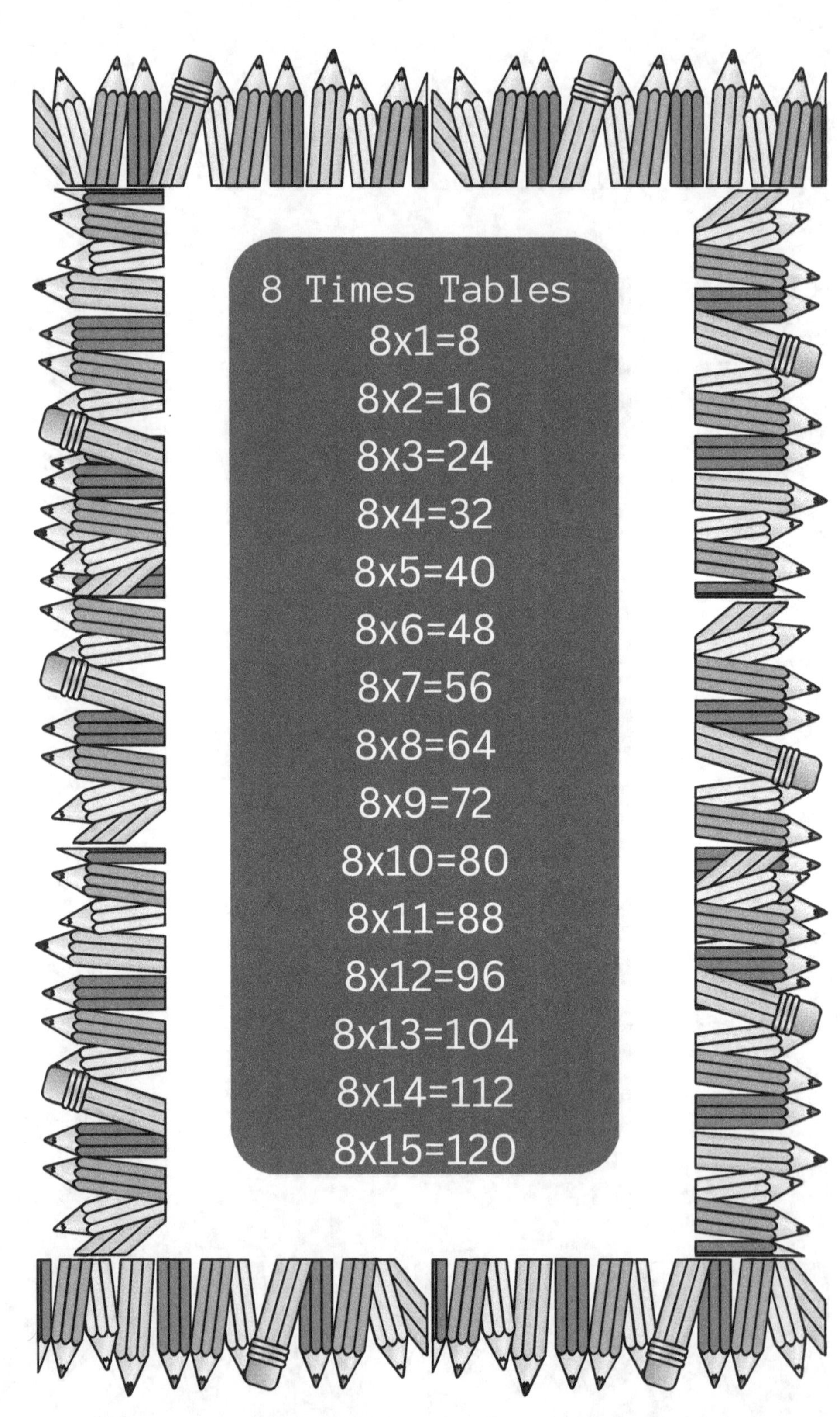

8 Times Tables
8x1=8
8x2=16
8x3=24
8x4=32
8x5=40
8x6=48
8x7=56
8x8=64
8x9=72
8x10=80
8x11=88
8x12=96
8x13=104
8x14=112
8x15=120

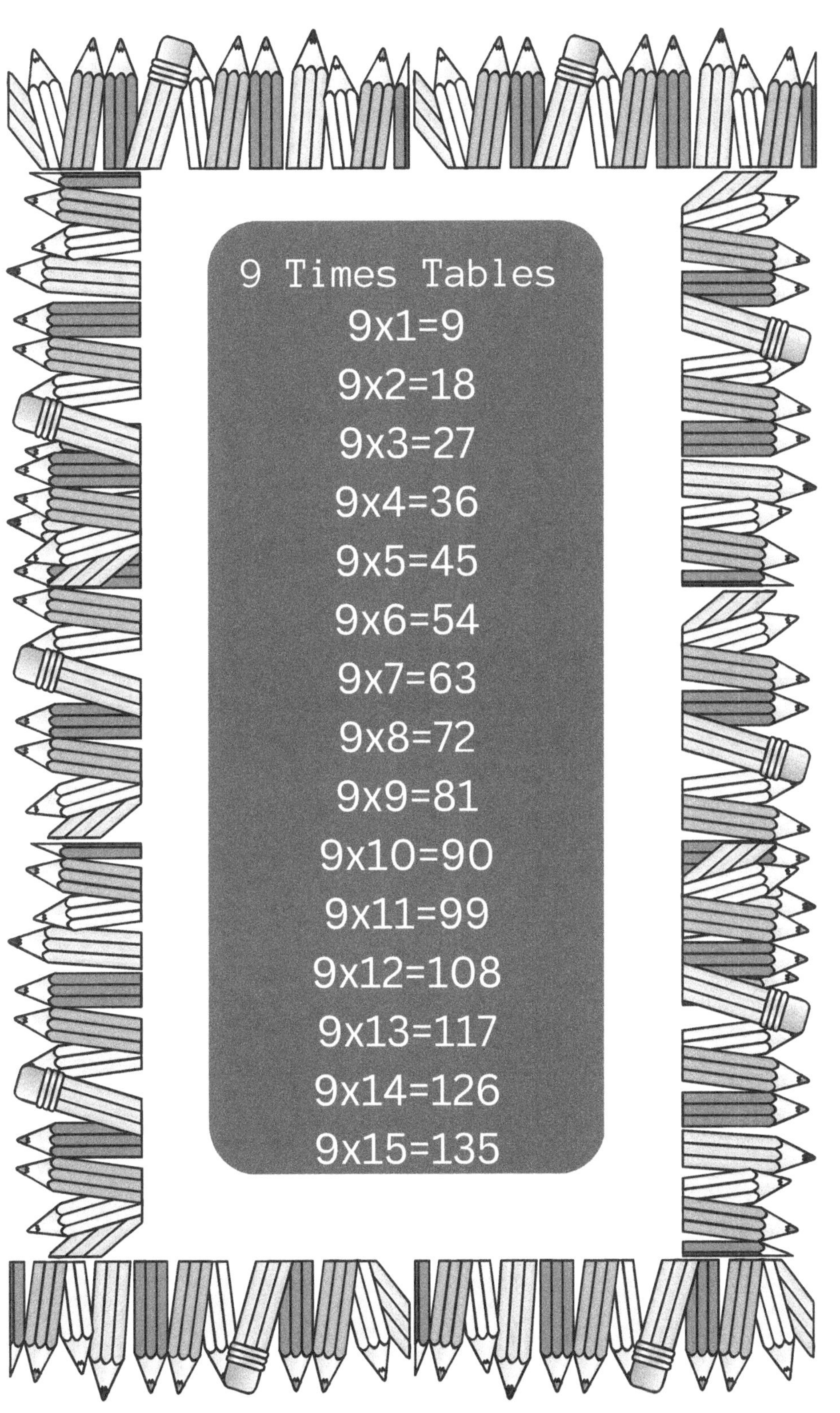

9 Times Tables
9x1=9
9x2=18
9x3=27
9x4=36
9x5=45
9x6=54
9x7=63
9x8=72
9x9=81
9x10=90
9x11=99
9x12=108
9x13=117
9x14=126
9x15=135

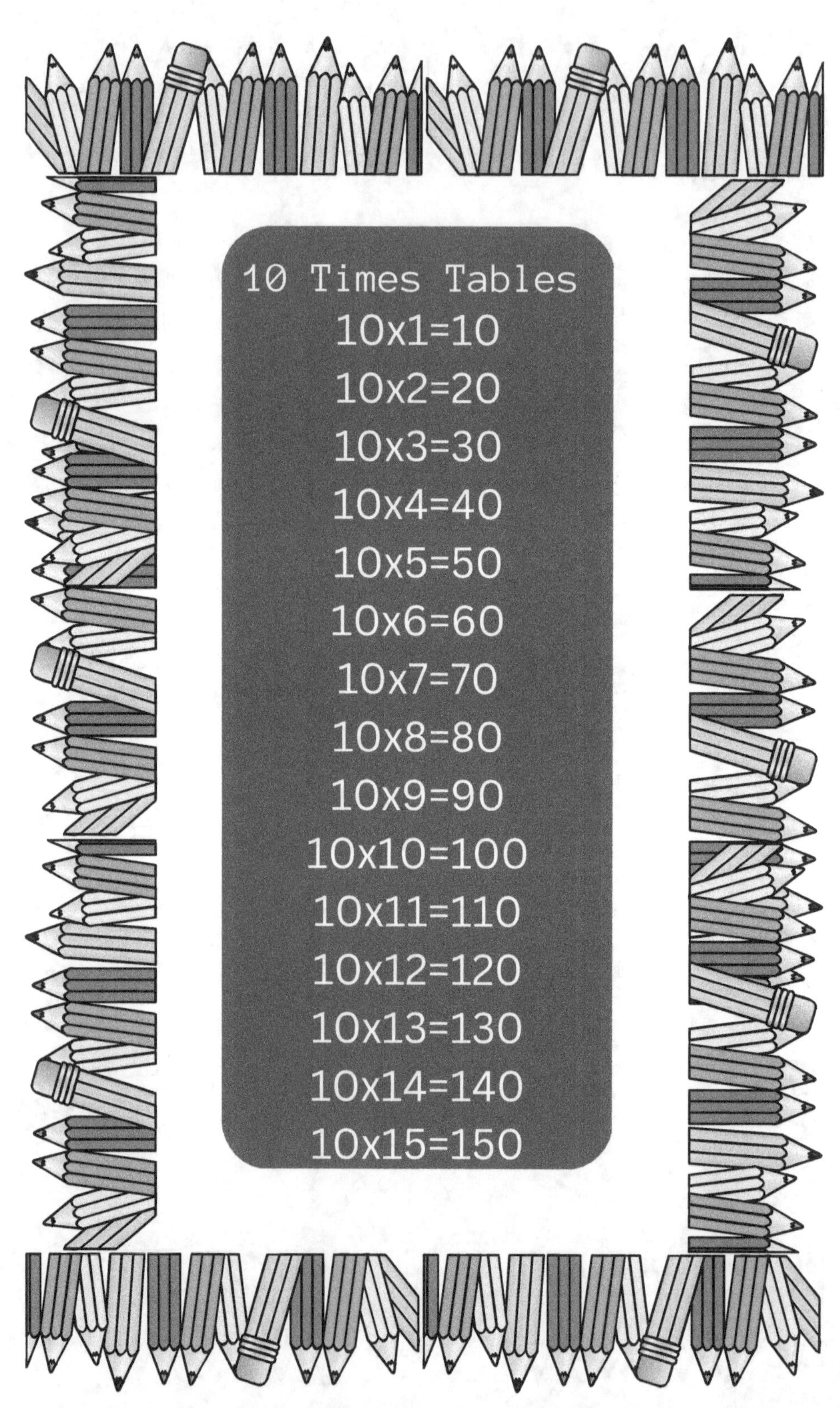

10 Times Tables
10x1=10
10x2=20
10x3=30
10x4=40
10x5=50
10x6=60
10x7=70
10x8=80
10x9=90
10x10=100
10x11=110
10x12=120
10x13=130
10x14=140
10x15=150

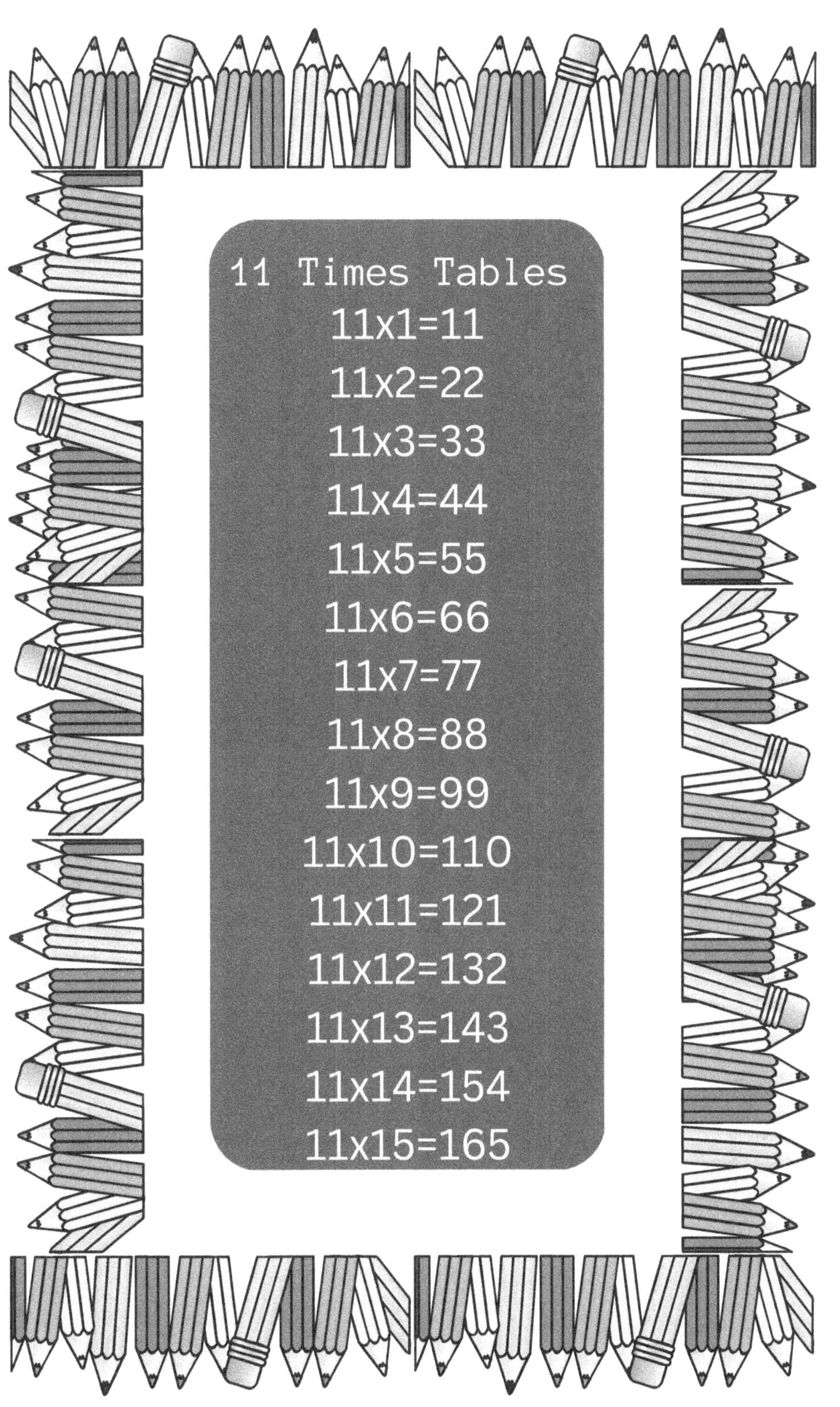
11 Times Tables
11x1=11
11x2=22
11x3=33
11x4=44
11x5=55
11x6=66
11x7=77
11x8=88
11x9=99
11x10=110
11x11=121
11x12=132
11x13=143
11x14=154
11x15=165

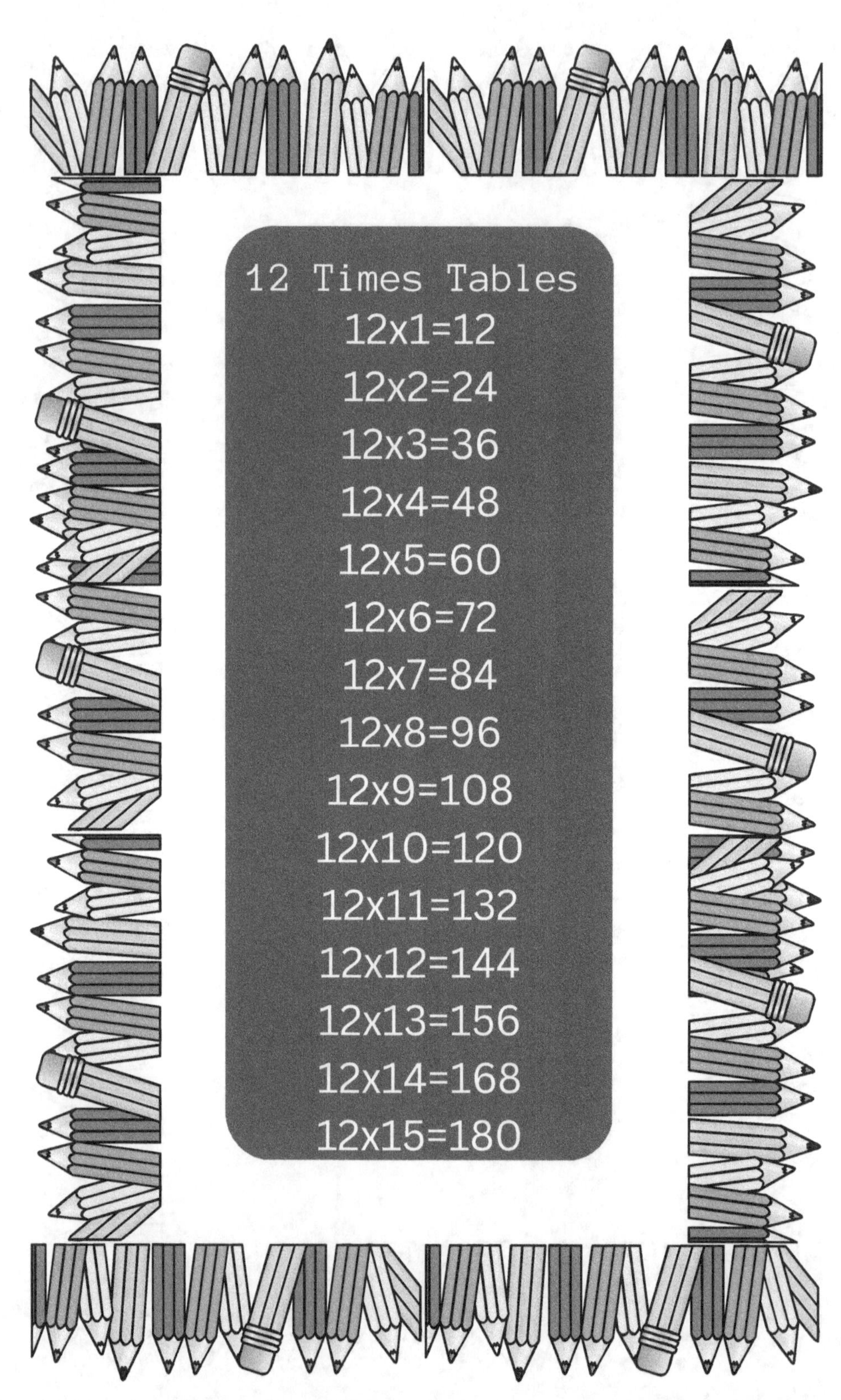

12 Times Tables
12x1=12
12x2=24
12x3=36
12x4=48
12x5=60
12x6=72
12x7=84
12x8=96
12x9=108
12x10=120
12x11=132
12x12=144
12x13=156
12x14=168
12x15=180

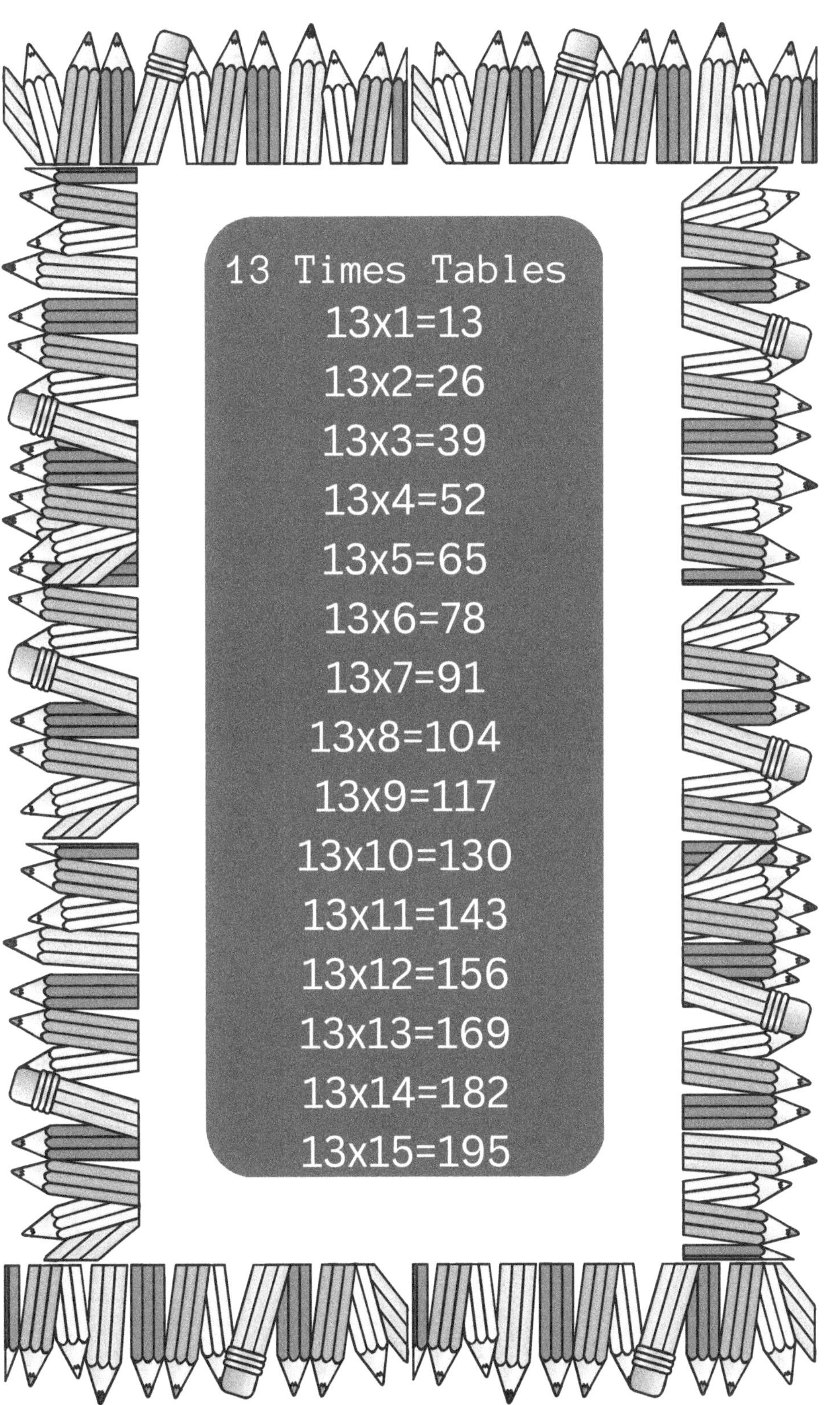

13 Times Tables
13x1=13
13x2=26
13x3=39
13x4=52
13x5=65
13x6=78
13x7=91
13x8=104
13x9=117
13x10=130
13x11=143
13x12=156
13x13=169
13x14=182
13x15=195

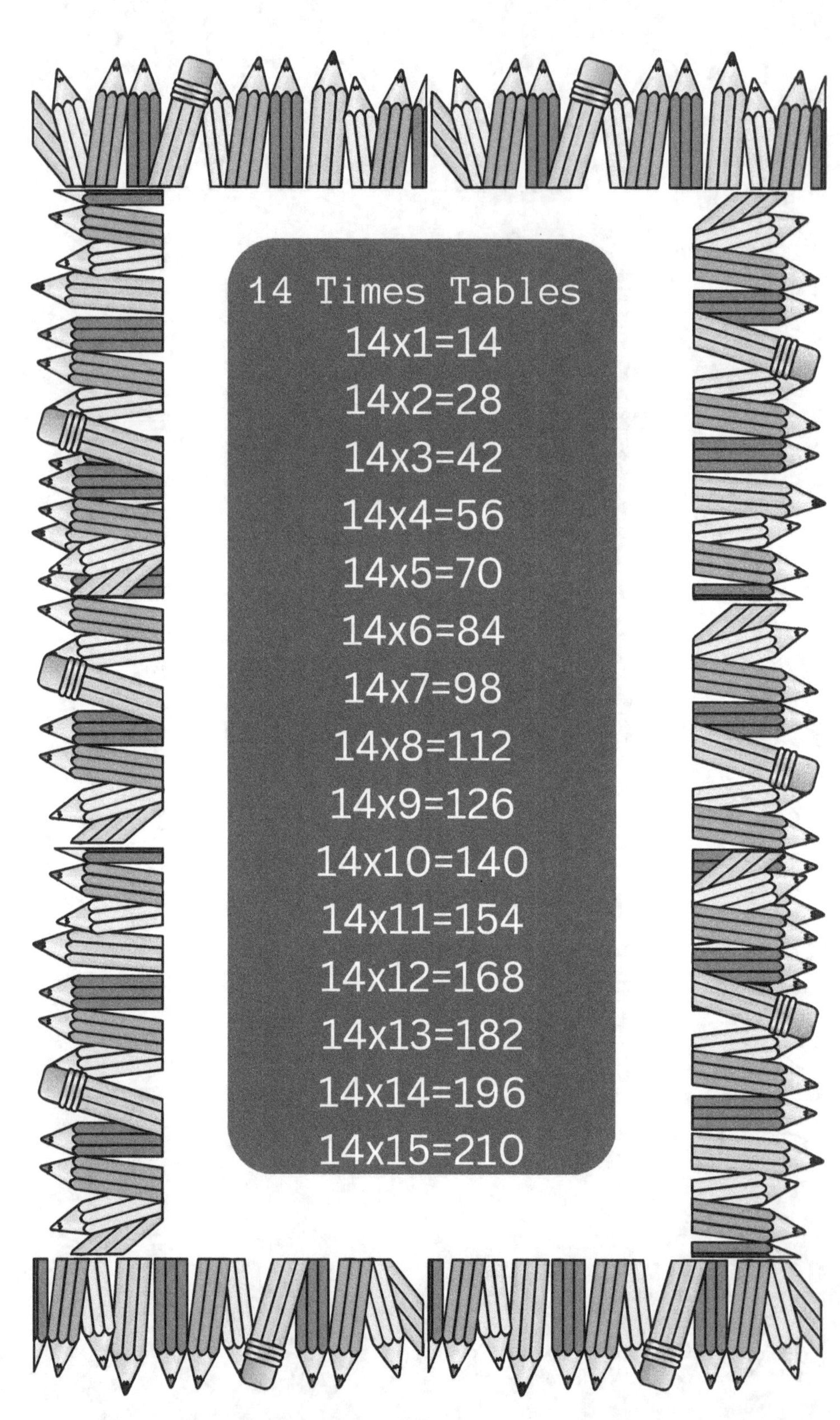

14 Times Tables
14x1=14
14x2=28
14x3=42
14x4=56
14x5=70
14x6=84
14x7=98
14x8=112
14x9=126
14x10=140
14x11=154
14x12=168
14x13=182
14x14=196
14x15=210

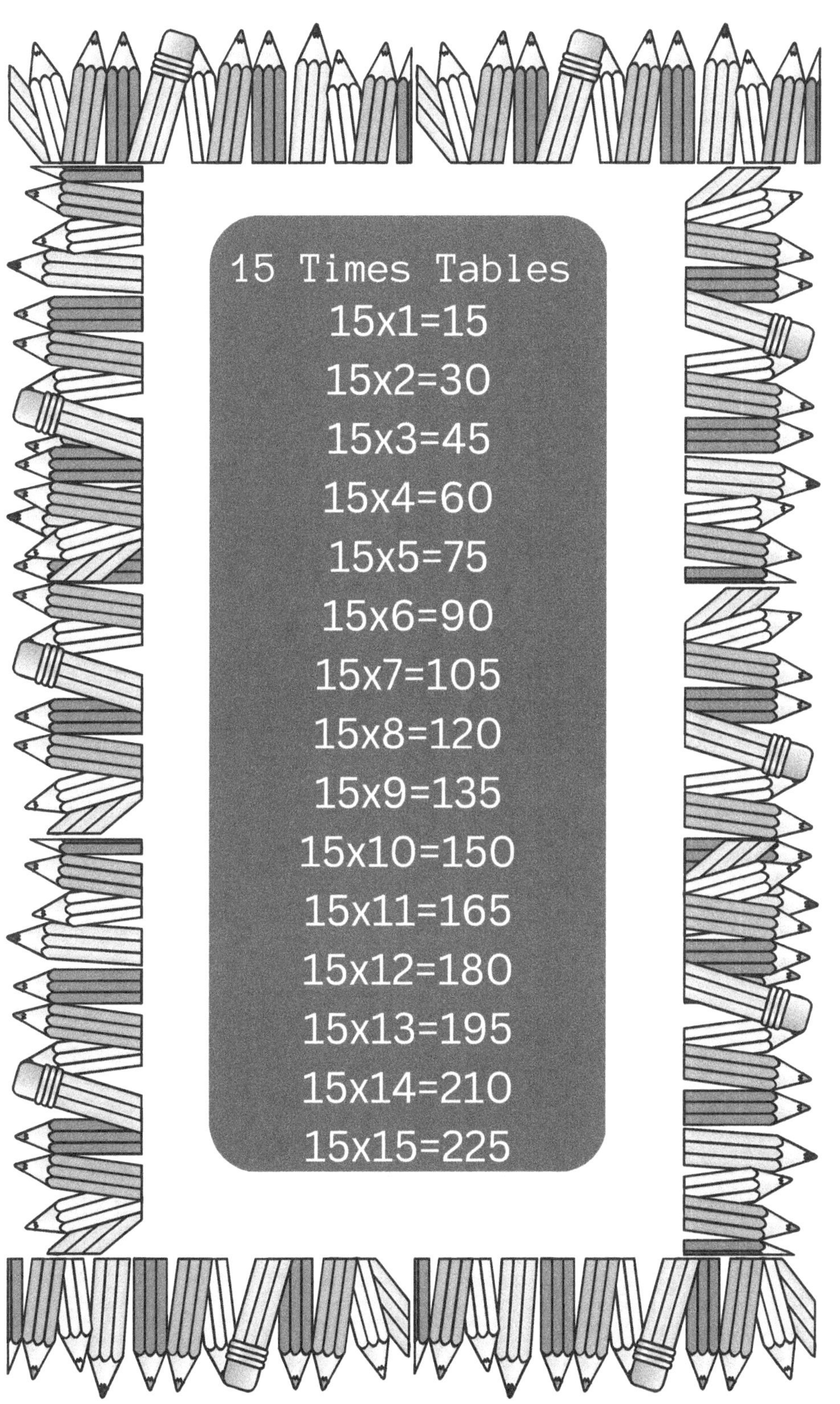

15 Times Tables
15x1=15
15x2=30
15x3=45
15x4=60
15x5=75
15x6=90
15x7=105
15x8=120
15x9=135
15x10=150
15x11=165
15x12=180
15x13=195
15x14=210
15x15=225

Exercise Pages

Q1)   1 X 4 = _______

Q2)   2 X 5 = _______

Q3)   2 X 2 = _______

Q4)   4 X 3 = _______

Q5)   3 X 4 = _______

Q6)   1 X 5 = _______

Q7)   5 X 3 = _______

Q8)   3 X 2 = _______

Q9)   4 X 4 = _______

Q10) 5 X 4 = _______

Q1)   4 X 7 = _______

Q2)   3 X 6 = _______

Q3)   2 X 8 = _______

Q4)   1 X 7 = _______

Q5)   3 X 7 = _______

Q6)   5 X 8 = _______

Q7)   4 X 8 = _______

Q8)   2 X 9 = _______

Q9) 5 X 10 = _______

Q10) 1 X 9 = _______

<u>Exercise Pages</u>

How fast can you answer all of
these questions?
Ask somebody to read them in a
random order and time yourself .

Q1)   1 X 3 =
Q2)   3 X 1 =
Q3)   2 X 5 =
Q4)   5 X 4 =
Q5)   4 X 2 =
Q6)   5 X 3 =
Q7)   2 X 4 =
Q8)   1 X 5 =
Q9)   3 X 2 =
Q10) 4 X 5=
Q11) 1 X 4 =
Q12) 5 X 5 =
Q13) 3 X 4 =
Q14) 2 X 3 =
Q15) 4 X 4 =

Exercise Pages

Q1) 6 X 3 = ____

Q2) 7 X 1 = ____

Q3) 8 X 5 = ____

Q4) 6 X 4 = ____

Q5) 10 X 2 = ____

Q6) 9 X 3 = ____

Q7) 7 X 4 = ____

Q8) 10 X 5 = ____

Q9) 8 X 2 = ____

Q10) 9 X 5= ____

Q1) 7 X 7 = ____

Q2) 6 X 6 = ____

Q3) 9 X 8 = ____

Q4) 8 X 7 = ____

Q5) 10 X 7 = ____

Q6) 6 X 9 = ____

Q7) 9 X 10 = ____

Q8) 8 X 9 = ____

Q9) 7 X 6 = ____

Q10) 10 X8 ____
=

Exercise Pages

How fast can you answer all of these questions?
Ask somebody to read them in a random order and time yourself .

Q1)   6 X 4 =
Q2) 10 X 3 =
Q3) 8 X 5 =
Q4) 7 X 2 =
Q5)   10 X 1 =
Q6) 9 X 5 =
Q7) 6 X 2 =
Q8) 9 X 4 =
Q9) 8 X 3 =
Q10) 7 X 5=
Q11) 10 X 5 =
Q12) 9 X 2 =
Q13) 8 X 2 =
Q14) 7 X 3 =
Q15) 6 X 5 =

Q1) 11 X 3 = ______	Q1) 15 X 7 = ______
Q2) 13 X 1 = ______	Q2) 13 X 6 = ______
Q3) 14 X 5 = ______	Q3) 12 X 8 = ______
Q4) 12 X 4 = ______	Q4) 14 X 9 = ______
Q5) 15 X 2 = ______	Q5) 11 X 7 = ______
Q6) 13 X 3 = ______	Q6) 13 X 8 = ______
Q7) 11 X 4 = ______	Q7) 11 X 8 = ______
Q8) 14 X 3 = ______	Q8) 12 X 9 = ______
Q9) 12 X 2 = ______	Q9)14 X10 = ______
Q10)15 X 5= ______	Q10) 15X6 = ______

<u>Exercise Pages</u>

How fast can you answer all of
these questions?
Ask somebody to read them in a
random order and time yourself .

Q1) 13 X 4 =
Q2) 11 X 3 =
Q3) 15 X 5 =
Q4) 12 X 2 =
Q5) 14 X 1 =
Q6) 12 X 5 =
Q7) 15 X 2 =
Q8) 13 X 2 =
Q9) 11 X 4 =
Q10) 14 X 5=
Q11) 13 X 5 =
Q12) 11 X 2 =
Q13) 14 X 2 =
Q14) 15 X 3 =
Q15) 12 X 3 =

<u>Additional pages</u>

Additional pages

Additional pages

Additional pages